MÉMOIRES

SUR LA FONDATION

DES BANQUES AGRICOLES

ET DES ASSURANCES

LA CRÉATION

DE RÉSERVES DE GRAINS

PAR N. HERTEL

Cultivateur, membre de la Société d'Agriculture de Quimperlé.

QUIMPERLÉ

IMPRIMERIE DE TH. CLAIRET

1868.

MÉMOIRES

SUR LA FONDATION

DES BANQUES AGRICOLES

ET DES ASSURANCES

LA CRÉATION

DE RÉSERVES DE GRAINS

PAR N. HERTEL

Cultivateur, membre de la Société d'Agriculture de Quimperlé.

QUIMPERLÉ

IMPRIMERIE DE TH. CLAIRET

—

1868.

MÉMOIRE

SUR

LA FONDATION DES BANQUES AGRICOLES

ET DES ASSURANCES

COMMENT DOIT-ON FONDER ET ORGANISER LES BANQUES AGRICOLES ET LES ASSURANCES POUR TOUS RISQUES.

Comme complément des propositions que, dans l'Enquête agricole, j'ai formulées pour faciliter aux agriculteurs et aux propriétaires le recours au crédit, diminuer le taux de revient de l'emprunt sur hypothèque (1), et aider à la fondation de Banques agricoles en facilitant l'extension de leurs opérations, je

---

(1) Bien que je n'aie pas mentionné dans ma première proposition les ouvertures de crédit parmi les actes sous signatures privées pouvant conférer hypothèque, je pense néanmoins que par analogie cela dût être possible aussi et je le demande formellement.

L'inscription qui serait prise par suite de ces actes, devrait être radiée sur la signification de la mention de l'acquit des crédits ouverts, laquelle serait faite en cette forme, par le créditeur : *Pour acquit des crédits ouverts*, et mise sur l'acte sous seing privé. A défaut de cet acquit, l'inscription serait périmée au bout de dix ans, si avant ce délai il n'y avait signification au conservateur des hypothèques que des crédits n'ont pas été soldés.

vais démontrer comment, selon moi, on peut arriver, avec prudence, à diminuer encore le taux du prêt au cultivateur et à fonder dans un bref délai des Banques agricoles dans tous les arrondissements ainsi que des assurances, pour tous risques, en mêmes endroits, les assurances étant le complément obligatoire de l'organisation du Crédit.

I.

DES BANQUES.

La fondation des Banques agricoles est une chose d'absolue nécessité, c'est le seul moyen d'arriver à tirer l'agriculture des mains des usuriers, et c'est un moyen indispensable pour tirer de ma proposition relative aux prêts hypothécaires toute sa fécondité, attendu que sans cette fondation le dégrèvement qui résulterait de cette proposition ne serait pas encore, à l'égard de beaucoup d'emprunteurs, aussi

étendu qu'il pourrait l'être, parce que les prêts hypothécaires, dans les campagnes, resteraient concentrés
pour la plus grande partie chez les notaires ; de là il
en résulterait encore des frais assez importants qui
pourraient être évités au moyen de Banques agricoles ou de succursales établies dans tous les arrondissements.

Pour faire apprécier toute l'importance du dégrèvement qu'amènerait ma proposition relative aux
prêts hypothécaires, et pour démontrer l'importance
du dégrèvement que ces Banques pourraient en
plus donner en abaissant le taux de l'intérêt des
prêts, je citerai quelques chiffres.

La dette hypothécaire de la propriété rurale (1)
étant estimée être de deux milliards et demi, et la
durée moyenne des prêts de cinq ans, il s'en suivrait
que la propriété rurale emprunterait par an cinq
cents millions ; or, si les frais d'enregistrement, de
timbre et de notaire pour l'emprunt et l'acquit,
augmentent le taux de l'intérêt de 3 p. 0/0 par an (2),

(1) Dans la propriété rurale, je comprends aussi les forêts,
les terrains appartenant à l'horticulture et à l'arboriculture.

(2) Ce chiffre n'est pas trop fort pour les emprunts faits
dans les campagnes qui sont d'un chiffre peu élevé et où souvent les frais s'élèvent à plus de 20 p. 0/0, et presque toujours
à plus de 15 ; c'est ce que M. Langlais a constaté dans une
Lettre sur le Crédit agricole, et dans laquelle il a dit : Qu'en
1841, sur 329,576 prêts hypothécaires, il y en avait 155,220
au-dessous de 300 francs dont le taux et les frais se décomposent de la manière suivante :

Honoraires du notaire,	5 f.	»»
Expédition,	3	»»
Bureau d'inscription,	3	»»
Timbres,	1	95
Enregistrement,	3	30
Inscription,	3	»»
Intérêts à 5 p. 0/0,	15	»»
Frais de remboursement,	14	25
Total,	48	50

ou 23 f. 29 c. p. 0/0.

on aurait donc, en supprimant ces frais, une économie, par an, de 75 millions de francs, et en cinq ans,
durée moyenne estimée des prêts, une économie
de 375 millions de francs (1),
ci . . . . 375,000,000 f. »»

    Et si à cela on ajoutait une
économie de 1 p. 0/0 par an au
moins, qu'une Banque pourrait
faire réaliser aux emprunteurs
sur le taux de l'intérêt actuel
payé aux prêteurs, on aurait une
économie en plus de 25 millions
de francs par an, et de 125 millions de francs en cinq ans (2),
ci . . . . 125,000,000 »»

    Soit une économie totale de   500,000,000 f. »»
en cinq ans, ou de 100 millions par an que pourrait

---

(1) En faisant pour tout le restant de la dette hypothécaire,
qui est de 4 milliards et demi, le calcul de l'économie que
ferait réaliser ma proposition, mais en ne le faisant qu'en
estimant qu'à 2 p. 0/0 par an l'élévation du taux de l'intérêt
amenée par les frais, parce que le chiffre moyen des prêts est
beaucoup plus élevé dans les villes et certains frais restant
les mêmes pour les petits prêts que pour les grands, il s'en
suivrait que l'économie annuelle serait sur ces 4 milliard et
demi de 90 millions de francs par an et de 450 millions pour 5
ans, ce qui porterait l'économie réalisée, avec ma proposition,
par toute la propriété foncière, à 165 millions de francs par
an, et à 825 millions, en cinq ans, soit presque le huitième de
la dette hypothécaire.
    Je ferai encore remarquer qu'il est des économistes qui esti-
ment la totalité de la dette hypothécaire à plus de 12 millions ;
or, avec ce chiffre l'économie pouvant être réalisée, s'élève-
rait à plus de 300 millions de francs par an.

(2) Selon le projet de fondation de Banque que je vais développer, la Banque pourrait prêter souvent à 3 1/2 p. 00, et même
moins, ce qui donnerait une économie de 1 1/2 p. 0/0, qui re-
présenterait d'après les évaluations qui viennent d'être faites,
une économie annuelle de 37 millions.

faire réaliser en France à la propriété rurale ma proposition sur les prêts hypothécaires et celle sur la fondation des Banques que je vais exposer.

Mais combien d'économies seraient encore réalisées en dehors de celles énumérées ? car, qui ne sait, que souvent en arrière des notaires, avant ou après la signature de l'acte, certains usuriers se font remettre une somme importante qui élève encore le taux de l'intérêt, et que souvent en plus il y a un intermédiaire qui réclame sa rémunération qui n'est jamais moindre de 1 p. 0/0.

De plus, les chiffres que je viens de citer n'ont de rapport qu'aux prêts hypothécaires, et s'il était possible d'évaluer, tant en France qu'en Algérie, les économies que l'agriculture pourrait réaliser sur les emprunts qu'elle fait, aux usuriers, sur la solvabilité notoire, à quel chiffre considérable s'élèveraient les économies ?

Ce n'est pas seulement pour faire réaliser ces économies qu'il faut fonder des Banques agricoles, mais aussi pour donner des fonds à bon marché pour faire des améliorations foncières empêchées par le taux élevé de l'argent et donner aux cultivateurs les facilités de se procurer des avances qui puissent leur permettre d'attendre le moment le plus favorable, selon eux, pour vendre leurs produits.

De ce qui précède il résulte qu'il y a des avantages importants et une nécessité des plus évidentes à doter immédiatement l'agriculture de Banques.

Il n'y a donc plus qu'à discuter les moyens les plus propres à fonder immédiatement et solidement les Banques et permettant d'abaisser le taux de l'intérêt le plus possible.

Les questions principales autour desquelles tourne le débat sur les Banques agricoles depuis tant d'années sont celles-ci :

Les Banques agricoles doivent-elles être locales, indépendantes les unes des autres et doivent-elles avoir la faculté, comme la Banque de France, d'émettre des billets au porteur, ou ne doivent-elles marcher qu'avec leur capital social, les dépôts faits par les particuliers et au moyen du réescompte ?

Où doivent-elles être les branches d'une Banque centrale agricole ayant la faculté d'émettre des billets au porteur comme la Banque de France ou ne devant marcher qu'avec son capital social, les dépôts faits par les particuliers et au moyen du réescompte ?

Doit-on tout attendre de l'initiative privée pour fonder les Banques agricoles ou l'Etat d'une manière plus ou moins directe doit-il provoquer leur fondation ?

Je pense comme ceux qui demandent une Banque centrale agricole se ramifiant au moyen de succursales, mais je demande, j'en déduirai tous les motifs, une Banque centrale agricole ayant des succursales dans tous les arrondissements où se trouveraient, en nombre déterminé, des actionnaires pour la souscription du capital minimum jugé nécessaire pour cette succursale.

C'est là la manière, selon moi, pour fonder promptement et solidement les Banques agricoles parce qu'on créerait ainsi des intéressés dans la localité à la bonne direction de la succursale, puis il n'y aurait point besoin d'attendre l'initiative particulière de chaque localité. L'initiative pour l'ouverture de la souscription, serait prise de Paris par une société de fondateurs sous l'inspiration ou l'invitation du gouvernement ; on ne passerait point ainsi encore un quart de siècle à espérer dans chaque arrondissement au moins, une Banque agricole. Ensuite, par ce moyen de fondation, on pourrait conserver tous les avantages d'une Banque locale indépendante, en lais-

sant aux actionnaires de la localité, la nomination
ou la proposition du directeur et la nomination du
conseil de surveillance ; bien que le capital que ces
actionnaires souscriraient se joignit et fit partie du
capital social de la Banque centrale, ce serait en quelque sorte les Banques agricoles fédéralisées moins
les désavantages.

De plus, ces succursales, comme on l'a déjà fait
remarquer, auraient sur les Banques indépendantes,
l'avantage de pouvoir être également alimentées par
des dépôts au même prix, et de pouvoir prêter à un
taux moins élevé ; car, si une succursale venait à
manquer de fonds, la Banque centrale pourrait faire
diriger sur cette succursale, les fonds qu'une autre
pourrait avoir de trop, ou les diriger sur les succursales où l'argent ne s'offrirait qu'à un taux très
élevé ; choses que ne pourraient faire des Banques
locales indépendantes et qui seraient ainsi obligées de
limiter leurs affaires et de là resteraient impuissantes
à satisfaire aux besoins de la localité, et le peu de
prêts qu'elles feraient seraient consentis à un taux si
élevé que l'agriculture n'aurait pas encore à se féli-
citer beaucoup de la fondation de ces Banques ; le
comptoir agricole de Seine-et-Marne nous fournit
pour ce dernier effet un exemple frappant; ainsi le
taux de l'intérêt payé a été de 6 fr. 10 pour les emprunts sur billets et de 5 fr. 60 pour ceux sur garantie
hypothécaire.

Il est aussi bien certain que les frais d'administration seraient aussi moins élevés avec une Banque centrale agricole qu'avec des Banques indépendantes ;
cela faciliterait encore une réduction dans le taux de
l'intérêt des prêts.

Je ne m'étendrais pas plus longuement sur la
nécessité de la solidarité et de l'unité des Banques

agricoles, tout cela a été parfaitement discuté et démontré dans la presse agricole.

Mais, si l'unité est fortement désirable quant à la fondation des Banques agricoles, elle est encore plus indispensable à l'égard de la monnaie fiduciaire ; c'est pour cette raison que je suis l'adversaire déclaré du droit à accorder d'émettre des billets au porteur aussi bien à une Banque centrale agricole qu'à plusieurs ; la confiance est générale dans le billet de la Banque de France ; aussi, en divisant la confiance publique par la multiplicité des signes de monnaie fiduciaire on finirait par la réduire à rien. Et puis il ne faut pas perdre de vue que dans certaines parties de la France et de presque toute l'Algérie le papier monnaie empêcherait le développement des affaires de Banque, le numéraire seul y étant employé par les cultivateurs dans toutes leurs transactions. Cela répond péremptoirement à ceux qui voudraient faire du papier monnaie la base de l'organisation du crédit. Leur système pourrait augmenter et rendre prospères les affaires des chiffonniers, mais non point les affaires des cultivateurs.

Est-ce à dire que je pense qu'après la fondation d'une Banque centrale agricole avec succursales dans tous les arrondissements et après la réforme que j'ai proposée relativement aux prêts hypothécaires, afin d'en faciliter l'usage aux Banques, tout sera dit, tout sera fait pour l'agriculture et qu'elle aura l'argent à aussi bon marché que possible, bien qu'elle l'obtienne à bien meilleur marché qu'avec des Banques locales indépendantes ? Non ! il faut à l'agriculture l'argent au même taux que le commerce et l'industrie, il faut donc avoir recours à des moyens particuliers pour le donner.

Où prendre ces moyens ? Si, disent les uns, on ne veut pas qu'une Banque agricole fasse une émission de billets au porteur qu'on en fasse faire une de cinq cents millions de francs à la Banque de France, qui en remettra la valeur à la Banque agricole ; mais, disent d'autres, nous ne voulons pas davantage de monnaie fiduciaire, il en circule assez, vous allez nous faire revenir aux assignats ; il y a trois milliards de numéraire sans emploi, attirez-les et utilisez-les !

Là, je vais me séparer aussi bien de ceux qui repoussent une émission en billets de la Banque de France que de ceux qui la réclament.

Car j'ai déjà fait remarquer que les dépôts seuls qui pourraient être faits à la Banque centrale agricole par les particuliers ne permettaient pas d'abaisser le taux de l'intérêt des prêts, suffisamment, et que c'est le moyen d'abaisser ce taux que l'on cherche ; conséquemment le racolement du numéraire disponible ne nous fournirait pas des moyens propres à faire la guerre agricole à l'étranger avec les mêmes avantages que le commerce et l'industrie.

Et, d'un autre côté, je ne pense pas qu'une émission de billets de la Banque de France pour une valeur de cinq cents millions de francs ne soit pas une chose bien imprudente.

Voici comment selon moi cette question devrait être résolue :

La Banque centrale agricole pour faire face aux besoins actuels de l'agriculture en France et en Algérie, aurait besoin, à mon avis, d'un capital d'opération d'un milliard qui, puisque on ne devrait pas avoir recours à une émission de billets, devrait être formé : 1° par la souscription d'un capital social de 500 millions ; 2° par le versement par l'État à titre de dépôt d'un capital de cinq cents millions à la caisse de la Banque centrale dans les conditions ci-après :

Ce dépôt serait fait en quatre ans en cinq versements de chacun 100,000,000 de francs et ne pourrait en aucun cas excéder le versement qui serait fait du capital social. L'intérêt de la somme déposée serait calculé à raison de celui représenté par les frais d'une émission de pareille somme en billets de banque, compris les intérêts du capital de garantie que cela exigerait.

Le capital déposé ne serait remboursable que le jour que la Banque de France pourrait être obligée à faire une émission de billets pour rembourser l'Etat et prendre sa place aux mêmes conditions comme créancier de la Banque centrale agricole.

Voici et comment et dans quelle mesure les intérêts des prêts seraient diminués :

Au lieu d'avoir pour capital d'opération un capital social de un milliard exigeant à 5 p. 0/0 50 millions d'intérêts, ci. . . . . 50,000,000 fr.

on n'aurait plus qu'un capital d'opération exigeant un intérêt savoir :

Pour le capital social de 500 millions à 5 p. 0/0, par an, 25 millions, ci.. . 25,000,000 fr.

Pour le dépôt de l'Etat de 500 millions à 1 1/2 p. 0/0, tout au plus, par an, 7 millions 1/2, ci. 7,500,000 fr.

Total 32 millions 500,000 f. ou 3/4 p. 0/0 du capital d'opération au lieu de 5 ci. . . . . . . 32,500,000 fr. 32,500,000 fr.

Ce qui fait une différence d'intérêts en moins de. . . . . . . 17,500,000 fr.

Report. . 17,500,000 fr.

Puis, au lieu de calculer le taux de l'intérêt des prêts de manière à donner, sur un capital social de un milliard, 3 p. 0/0 de bénéfice net en plus de l'intérêt légal, on n'aurait plus qu'à calculer sur un capital de 500 millions, l'Etat ne devant avoir aucune part dans les bénéfices ; de sorte qu'on diminuerait encore de 15 millions de francs les intérêts des prêts, ci. : . . . . . 15,000,000 fr.

Ce qui fait avec les 17 millions 1/2 de francs déjà économisés 32 millions 1/2 de francs de moins à prélever sur les emprunteurs, ci. . 32,500,000 fr.

L'Etat en émettant des obligations à 10 ou 15 ans d'échéance pourrait ainsi trouver les 100 millions de francs qu'il aurait à verser à chaque fois, et son concours ne lui coûterait que la différence d'intérêts qui existerait entre le taux auquel il emprunterait et celui auquel il prêterait.

Ce concours de l'Etat aurait encore un effet utile et puissant pour aider à la souscription rapide du capital social de 500 millions et donnerait à l'entreprise un caractère tout à fait national.

Y pensez-vous, dira-t-on, un prêt de 500 millions de francs à une société particulière à 1 1/2 p. 0/0 d'intérêt tout au plus ?

J'y ai bien pensé, aussi je suis de l'avis de tous les agriculteurs qui réclament une condition aussi favorable pour le développement économique de la production agricole, qu'il en existe une pour le commerce et l'industrie ; et je suis encore de ceux qui disent que ce serait une criante injustice à la leur refuser, et je ne doute pas que le gouvernement de l'Empereur si bien

disposé pour leurs intérêts ne la leur accorde ; il suf-
fira de lui en donner les moyens pratiques.

Je dirai encore à ceux que cette faveur pourrait
offusquer : qu'une Banque centrale agricole intéresse
autant les intérêts généraux que les chemins de fer
auxquels on a fait des avances par centaines de millions et accordé des garanties d'intérêts pour des
capitaux qui se comptent par milliards ; que les sociétés particulières créées pour l'exécution de travaux
publics et qui ont les mêmes garanties d'intérêts ;
que la Société des Paquebots transatlantique qui re-
çoit 6 ou 8 ou 10 ou 12 millions de subvention par
an, et qui pourtant, si grands que soient les intérêts
publics qu'elle desserve, n'influera jamais sur le développement de la richesse publique au même degré
que la Banque centrale agricole pourrait le faire et
et n'accroîtra pas non plus dans la même proportion
que cette banque les revenus indirects du gouvernement, bien que la subvention que cette dernière recevrait et qui ne consisterait que dans la différence entre
l'intérêt de l'emprunt de l'État et celui du prêt qu'elle
recevrait, ne représentât pas une somme bien plus
importante, si même elle n'était point égale.

Du reste, ce ne serait là que donner une légitime
satisfaction à cette demande universelle dans l'Enquête
agricole : dégrèvement pour l'agriculture et augmentation des ressources affectées à développer ses forces
productives.

Puis, il n'y a pas de milieu, ou une émission ou un
prêt de l'État ; les cultivateurs veulent les mêmes
faveurs que le commerce et l'industrie !

Mais il y aurait peut-être moyen de s'entendre si
on admettait, comme moi, que la moitié de ces 500
millions pourrait être sans inconvénient fournie par
la Banque de France aussi en cinq versements en quatre ans, au moyen d'une émission de billets à raison

de 50 millions de francs par versement et aux mêmes conditions d'intérêts que le prêt de l'Etat que nous avons indiquées plus haut ; mais ces 250 millions de francs ne seraient remboursables qu'en cas de liquidation de la Banque centrale agricole, de même que les 250 millions d'une émission postérieure qui seraient destinés à rembourser l'Etat ; laquelle émission n'aurait lieu, comme je l'ai déjà indiqué pour ma première proposition, que lorsque les circonstances seraient trouvées favorables et sans inconvénient.

Les dangers de la première émission seraient d'autant moins grands qu'une condition, dont je parlerai plus loin, pourrait obliger la Banque centrale à soutenir à un certain chiffre l'encaisse métallique de la Banque de France. Comme la part de l'Etat serait moins grande il y aurait peut-être un autre moyen possible pour lui de fournir sa part dans le prêt, ce serait d'y faire face au moyen des ressources du budget extraordinaire ; l'augmentation continuelle du produit des revenus indirects permettrait peut-être d'agir ainsi, si non pour les deux premiers versements, du moins pour les autres, et cette dépense aurait un effet semblable aux dépenses en travaux publics, qui ont tous pour but le développement des forces productives du pays ou le développement des débouchés ; mais elle aurait en plus l'avantage de donner un intérêt de 1 et demi pour cent environ dont le montant pourrait servir à augmenter les revenus de la caisse d'amortissement.

En échange des avantages ci-dessus décrits, que l'Etat pourrait donner, la Banque centrale agricole serait tenue indépendamment des intérêts dont nous avons parlé, de verser à l'Etat, pour chaque million par lui déposé ou la Banque de France, 500 francs. par chaque 1 p. 0/0 de bénéfices nets, défalcation faite de l'intérêt à 5 p. 0/0 pour le capital versé par

les actionnaires et de l'intérêt qui serait dû à l'Etat
ou à la Banque de France.

Ces fonds seraient remis au Ministère de l'agriculture pour être répartis entre les comices agricoles
dans la forme des subventions ordinaires. Cela ne
manquerait pas de former une dotation importante
pour les comices, car, avec 3 p. 0/0 de bénéfice
net, cela donnerait pour les 500 millions un revenu
de 750,000 fr. ou 1,500 fr. par million, et comme
il est permis de supposer par divers exemples que les
bénéfices atteindraient facilement 6 p. 0/0 on aurait une dotation de 1,500,000 francs, par an, pour
les comices.

Pour ce qui est des avantages que la Banque centrale agricole, comme j'en demande la fondation,
pourrait offrir, ils sont manifestes, puisque par le moyen de ce prêt ou dépôt non remboursable, elle porterait en réalité son capital d'opération de cinq cents
millions à un milliard et qu'elle pourrait obtenir la
faculté de recevoir des dépôts pour pareille somme ;
tandis que selon les statuts du Crédit agricole actuel,
les dépôts ne pourraient dépasser deux fois le capital
social ; de sorte que la Banque centrale agricole en
joignant au milliard formé de son capital social et de
celui du dépôt de l'Etat ou de la Banque de France,
un milliard de dépôts particuliers et au moyen
du réescompte et des obligations qu'elle pourrait
émettre, dans les mêmes conditions que le Crédit
agricole actuel, pour une somme égale aux prêts faits,
arriverait à pouvoir porter à la fin de la quatrième
année de sa fondation, lors de laquelle son capital
social et le dépôt de l'Etat auraient atteints leur
limite, à porter dis-je, son fonds de roulement à
quatre milliards ou à huit fois le capital social.

Serait-ce un chiffre pouvant excéder à cette époque les besoins de l'agriculture ? Non, assurément !

car il faut songer que la Banque centrale agricole,
par suite de la réforme relative aux prêts hypothécaires et du bon marché de son argent, se subs-
tituerait en entier aux prêteurs sur hypothèque.
Comme nous avons vu que le chiffre de la dette
hypothécaire de la propriété rurale est de 2 milliards
et demi et que la propriété rurale emprunte en
moyenne par an 500 millions de francs, la Banque
centrale agricole devrait les fournir indépendamment
des milliards représentés par les demandes nouvelles
que feraient naître les facilités pour le recours au
crédit sur hypothèque ; les demandes de prêts sur la
solvabilité notoire et du crédit qui serait demandé
pour de nombreuses entreprises interressant la production agricole tant en France qu'en Algérie et
auxquelles la Banque serait obligée de faire face en
tant qu'elles présenteraient de la solidité. De là
même, nous concluons que le fonds de roulement que
nous avons indiqué comme utile serait plutôt
inférieur aux besoins de l'agriculture que trop
élevé mais il est bon qu'au début une entreprise
aussi importante soit un peu contenue. Quand on
voudra augmenter sa puissance il n'y aura qu'à lui
donner le droit de recevoir des dépôts pour une
somme égale à deux fois le capital social et le dépôt
de l'Etat ; cela lui permettra de porter son fonds de
roulement à 6 milliards au lieu de 4 ; ce droit ne
serait que semblable à celui dont jouit le crédit
agricole, puisque le dépôt de l'Etat fait partie, dans
notre idée, du capital d'opération.

A tout point de vue on peut, il me semble, regar-
der la proposition que je fais pour la fondation
des Banques agricoles comme supérieure à toute
autre combinaison et notamment à celle ayant pour
but la création d'une Banque centrale agricole à
laquelle serait donnée, en admettant un instant

que cela fût sans inconvénient, la faculté d'émettre pour 500 millions de francs de billets au porteur, ce qui exigerait un capital social de 100 millions de francs en numéraire pour fonds de garantie ; dans de telles conditions cette Banque, lors même qu'elle serait autorisée à recevoir des dépôts pour une somme égale à ces 500 millions de francs en billets et qu'elle pût encore émettre des obligations pour une somme égale à ses prêts, ne pourrait porter son fonds de roulement à plus de deux milliards. Elle resterait donc bien au-dessous des besoins. Pour arriver à les satisfaire au même degré qu'avec notre proposition, il faudrait que l'émission des billets fût portée à un milliard. Qui oserait la demander ? Qui serait assez téméraire pour l'autoriser ? Et puis où serait la solidité d'une Banque qui émettrait des billets, recevrait des dépôts et émettrait des obligations pour une somme égale à ses prêts ? Elle croulerait comme un château de carte à la première crise !

Aux avantages déjà énumérés de ma proposition viendraient encore se joindre ceux venant de la partie relative à la formation d'une compagnie générale d'assurance à prime fixe jointe à la Banque et dont j'exposerai, plus loin, toutes les conditions de fondation ; ces avantages résulteraient du versement qui serait obligatoire à la caisse de la Banque : 1° du capital social ou fonds de garantie de la compagnie d'assurance générale ; 2° des cautionnements de tous les agents qui seraient aussi ceux de la Banque et qui pourraient être assujettis à ce cautionnement ; 3° de la somme totale des primes reçues par cette compagnie et au fur et à mesure de la recette ; 4° du fonds de réserve que la compagnie d'assurance pourrait créer sur ces bénéfices.

Par ces dépôts, la Banque centrale trouverait dans les 250 millions de francs formant le capital social de la compagnie d'assurance un dépôt fixe, pour ainsi dire non remboursable, puisque lors même que des sinistres considérables dans les premières années, entraîneraient à prendre sur le capital social, ce capital serait maintenu intact ; parce que au moyen de la garantie que je demanderai à l'Etat, ce capital ne pourrait être entamé pendant 15 ans, durée de la garantie, c'est-à-dire pendant plus que la période de fondation de la société d'assurance ; car au début seulement ce cas pourrait se présenter, plus tard les recettes devant faire face à toute éventualité avec une réserve faite sur les bénéfices.

Le dépôt des cautionnements serait encore presque un dépôt non remboursable, ou du moins pour la plus grande partie, puisqu'à la place du cautionnement que retirerait un agent pour cessation de fonctions, serait versé le cautionnement de son remplaçant.

Les dépôts du capital social et des cautionnements seraient donc ce qu'on appelle des dépôts fixes ; et en raison des avantages que la Banque centrale y trouverait par une alimentation invariable de sa caisse elle devrait faire un intérêt de 5 p. 0/0.

Les dépôts des primes et de la réserve seraient des dépôts en compte-courant pour lesquels un intérêt peu élevé serait consenti ; mais ces dépôts auraient un avantage sur tous autres dépôts en compte-courant parce qu'ils ne sortiraient jamais de la caisse de la Banque sans son consentement puisqu'elle serait en même temps dépositaire et gérante de la compagnie d'assurance.

Quel est le mode de fondation des Banques agricoles pouvant offrir autant de solidité et autant de confiance, et quelle serait la Banque pouvant être aussi assurée de l'alimentation de sa caisse et être à l'abri de ces situations si critiques pour bien des banques lorsque, dans les crises commerciales ou à la suite de quelque sinis-

2

tre financier, la panique entraine les déposants à ré-
clamer leurs fonds et empêche d'autres de faire des
dépôts ?

Les avantages que la Banque centrale trouverait
dans la compagnie d'assurance qui lui serait jointe ne
profiteraient pas à elle seule ; la Banque de France,
le commerce et l'industrie pourraient aussi y trouver
leur compte.

Dans les moments où la Banque de France se trouve menacée dans son encaisse métallique elle est obligée d'élever l'escompte pour arrêter la sortie du numéraire ; il en résulte pour le commerce et l'industrie
une grande gêne. Pour éviter cela, la Banque de
France devrait avoir le droit, dans une certaine mesure, d'exiger qu'en échange de ses billets la Banque
centrale lui donnât du numéraire. Cette dernière rece-
vant constamment des dépôts de la compagnie d'assurance recevrait toujours en dépôt une somme considérable en numéraire qui rendrait facile ces services
qui pourraient être imposés en échange des faveurs
qui seraient accordées ; et de la sorte à l'appui que
se donneraient la Banque générale et la compagnie
d'assurance, on pourrait ajouter celui qu'elles donneraient à la Banque de France et indirectement au
commerce et à l'industrie en les préservant d'une éle-
vation exagérée de l'escompte et comme en retour
la Banque de France pourrait rendre des services à
la Banque centrale par le réescompte ou par des
prêts sur dépôt des obligations que celle-ci émettrait
comme le Crédit agricole , il en résulterait entre ces
grands établissements financiers des intérêts mutuels
pour l'affermissement de leur Crédit, le développement de leurs intérêts et pour le pays en général des
capitaux à meilleur marché et au plus bas prix
possible.

II.

DES ASSURANCES.

Les assurances sont, comme je l'ai déjà dit, le complément obligatoire de l'organisation du Crédit. Puisqu'elles sont jusqu'à un certain point une garantie de la continuité de la solvabilité reconnue de l'emprunteur ou de la conservation de la valeur du gage hypothécaire ou de celui donné en nantissement.

Bien que j'aie plus haut déjà indiqué à quel système d'assurance, je donne la préférence, je crois devoir donner les motifs qui m'ont déterminé ; puis je ferai connaître plus amplement quel serait l'organisation et le fonctionnement de la compagnie d'assurance que je proposerai de fonder.

Divers systèmes ont, ainsi que pour les Banques, été mis en avant ; les assurances doivent-elles être fondées par des Sociétés locales, indépendantes ou fédéralisées, ou ne doit-il y avoir qu'une compagnie générale d'assurance se ramifiant dans chaque arrondissement ? Voilà les questions qui ont été posées et qu'il faut résoudre de manière à fonder une chose durable en même temps que la moins coûteuse pour les assurés.

Je me suis rangé du côté de ceux qui demandent une compagnie générale ; car il est de toute évidence qu'une société locale assurant tous les risques ne pourrait résister aux paiements des sinistres importants qui, comme une épizootie, la grèle ou une inondation , n'atteindraient que les communes où fonctionnerait cette assurance ; tandis qu'une compagnie générale, recueillant des primes partout et assurant tout, pourrait avec les bénéfices qu'elle ferait dans les contrées épargnées payer aisément les sinistres des contrées atteintes tout en réalisant encore des bénéfices.

De plus, les sociétés locales indépendantes auront toujours un état-major particulier beaucoup plus coûteux que les agents qui d'une compagnie générale seront les seuls représentants dans tous les arrondissements.

Le système des assurances mutuelles fédéralisées ne me paraît pas offrir d'autres avantages que ceux de multiplier encore les dépenses que je viens de signaler.

Maintenant la compagnie générale d'assurance doit-elle être une compagnie d'assurance à prime fixe ou une compagnie d'assurance mutuelle ? Il est pour moi évident qu'une compagnie générale d'assurance mutuelle pour tous risques est une chose impraticable ; on ne peut pas demander à celui qui demeure sur le haut d'une montagne une cotisation d'assurance contre les inondations, ce qui ne pourrait être évité, car si les sinistres à payer par suite des inondations absorbaient la réserve, et le chiffre des cotisations ordinaires, comment paierait-on les autres sinistres ? Il faudrait donc demander de plus fortes cotisations et ceux qui n'ont rien à craindre des inon-

dations paieraient pour elles ; ou la caisse de la
société étant effondrée, la société serait dissoute, certains risques assurés ne seraient pas payés. Voilà les
inconvénients des sociétés mutuelles ; on paie pour
être assuré, et on ne sait pas si on est atteint par un
sinistre, si on en sera dédommagé.

Cet inconvénient serait inévitable surtout avec une
assurance mutuelle assurant les inondations qui n'a-
mènent des sinistres considérables que périodique-
ment. Pour éviter cela, on dira la compagnie mutuelle
n'assurerait point contre ces risques, si le chiffre des
cotisations spéciales à ces assurances ne pouvait, avec
un chiffre modéré et une réserve particulière, les
garantir suffisamment ; à cela, je répondrai : que je
ne puis être partisan d'une compagnie générale d'assurance mutuelle qui n'assurerait pas tout, surtout les
risques qui ruinent des contrées entières.

Quant aux économies considérables que l'on pré-
tend, par l'emploi des percepteurs, comme agents de
la compagnie, réaliser sur les frais d'administration,
afin d'abaisser le chiffre des cotisations et obvier ainsi
à tous les inconvénients que j'ai signalés comme iné-
vitables, inséparables d'une compagnie générale d'assurance mutuelle pour tous risques, je dirai que ces
économies réposent sur une idée fausse, car pour moi
l'emploi des percepteurs comme agents d'assurance,
non soldés et obligés, est une chose impraticable,
impossible, ou serait très-nuisible et très-onéreuse
pour la compagnie ; n'étant pas rétribués, ils ne
déploiraient aucun zèle pour recruter des assurés et
augmenter ainsi leur travail, leur responsabilité, sans
profits. Voudrait-on leur donner une faible rétribu-
tion, l'économie diminuerait d'une part et serait
d'autre part tout à fait effacée par les inconvénients
attachés alors à leur concours, car n'étant par révo-
cables, et ayant intérêt à voir le montant des primes

s'élever pour augmenter leur recette, ils seraient disposés à faire monter le chiffre de l'assurance, et je n'admettrai jamais qu'une compagnie d'assurance pût, pour discuter ses intérêts, s'engager pour elle, avoir des agents qui, l'ayant compromise, ne pourraient être révoqués.

Aussi bien qu'on ne pourra arriver à fonder une compagnie d'assurance pouvant assurer tous les risques et la fonder d'une manière solide et durable, autant il sera impossible d'obtenir de grandes économies dans les frais d'administration et diminuer les charges de l'assuré, autrement que par la fondation d'une compagnie générale d'assurance à prime fixe, jointe à la Banque centrale agricole, ayant les mêmes actionnaires, et ayant des intérêts solidaires par l'appui mutuel qu'elles se donneraient ; parce qu'alors les administrations à Paris comme dans les succursales pourraient être les mêmes, et les polices d'assurances et les recouvrements pourraient être faits aussi par les agents que la Banque aurait dans tous les cantons. Il n'y aurait donc dans les succursales comme au siége central que les employés indispensables au travail de bureaux. Puis au moyen de la nomination d'un ou deux experts choisis parmi les actionnaires ou les membres du conseil de surveillance de la direction de la compagnie d'assurance pour la localité (qui serait le même que pour la succursale de la Banque) auxquels une indemnité de déplacement pourrait être accordée, on éviterait l'emploi si coûteux de ces inspecteurs ou estimateurs que les grandes compagnies siégeant à Paris sont obligées de solder toute une année et de faire voyager à grands frais, lorsqu'il y a un sinistre à évaluer.

Il est bien certain qu'une compagnie générale d'assurance mutuelle ne pourrait obtenir de la Banque centrale son concours pour la direction et l'administration, si elle n'avait aucun intérêt dans l'entreprise ; son rôle ne pourrait être alors que de faire les recouvrements moyennant une commission semblable à celle qu'elle prendrait pour tous recouvrements et ses employés ne pourraient être les agents de la compagnie d'assurance mutuelle ; il faudrait donc dans ce cas que cette compagnie d'assurance eût des employés particuliers qui lui coûteraient plus cher.

Par tout ce qui précède, j'ai fait connaître toutes les économies qu'une compagnie générale d'assurance à prime fixe, jointe à la Banque centrale, pourrait réaliser en évitant tous les désavantages attachés à une compagnie générale d'assurance mutuelle comme à une compagnie d'assurance locale soit mutuelle ou à prime fixe, comme aussi à une compagnie générale d'assurance à prime fixe ayant sa direction et son administration particulières et qui se trouve obligée en se fondant de dépenser en frais d'établissement, en paiement d'un état-major d'agents et d'employés nombreux, nécessaires avant même d'avoir fait une seule police d'assurance, une somme importante souvent supérieure aux profits dans les premières années. Ces dépenses ont entraîné la ruine de bien des compagnies, lorsqu'à cela venait s'ajouter le paiement de sinistres importants qui absorbaient pour le paiement une grande partie du fonds social.

Malgré toutes les économies que donnerait le système que je propose pour l'organisation de la compagnie générale d'assurance, il faut encore y ajouter des forces et des garanties de solidité plus grandes afin d'ôter toute crainte de perte et de ruine pour attirer les capitaux nécessaires à cette vaste et si utile entreprise, et de faire disparaître toute hésitation chez ceux qui se trouveraient dans le cas d'être assurés et gagner leur confiance. Il importe d'autant plus d'agir ainsi que cette compagnie générale embrasserait

l'assurance pour des risques, qui, comme les inondations, n'ont jamais été assurés, ou de ceux qui ont
entrainé la perte des compagnies nombreuses qui en
ont tenté l'assurance.

Il y a là une question d'intérêt général, car on
doit chercher et le pays à intérêt à chercher, les moyens qui pourraient effacer les traces des désastres
que la grêle, les inondations, les épizooties etc.,
laissent après elles et qui réagissent si fortement sur
la prospérité de l'agriculture et le développement de
la richesse publique.

L'Etat doit donc prêter son concours, tout le monde
est à peu près d'accord là-dessus. Mais comment doit-
il le prêter ? C'est là qu'on se divise. Selon moi, le
gouvernement ne doit point s'immiscer dans l'entreprise que pour y sauvegarder les intérêts généraux
et ses intérêts particuliers qui se trouveraient engagés
par son concours ; c'est un des motifs pourquoi j'ai
repoussé le communisme administratif qui existerait
par l'emploi des percepteurs.

Je crois que les moyens que je vais exposer répon-
dront à toutes les exigences :

Ces moyens consistent à garantir pendant 15 ans
à la compagnie générale d'assurance son capital
social et un intérêt à 4 p. 0/0 par an.

De cette manière, si des sinistres considérables,
pendant la période qu'on peut appeler la période de
fondation, venaient à engager le capital social, l'Etat
devrait verser à la compagnie à titre de prêt une somme égale à celle prise sur le capital social, plus les
intérêts à 4 p. 0/0 du capital social entier.

La compagnie après une certaine période se trouverait en mesure de faire face à toute éventualité au
moyen d'une réserve d'au moins 50 millions qu'elle
devrait former en plus du capital social, et qui serait
formée par un prélèvement assez important qui

ne pourrait être inférieure à deux millions et demi de francs par an, jusqu'à ce que le chiffre minimum de cette réserve eut été atteint, et qui serait fait sur les bénéfices et en cas d'insuffisance sur le cinquième des intérêts que le Banque centrale agricole ferait à raison de 5 p. 0/0 du capital social de 250 millions de francs qui lui serait versé à titre de dépôt, comme nous l'avons expliqué à propos de la fondation de la Banque.

Le remboursement des prêts en capital que le gouvernement pourrait avoir faits, serait fait au moyen de retenues semblables à celles qui seraient faites pour former une réserve, mais après la formation du minimum de cette réserve ou en même temps si, défalcation faite des intérêts à 5 p. 0/0 du capital social, les bénéfices nets excédaient 2 p. 0/0 de ce capital.

Les intérêts des prêts de l'Etat ne pourraient exéder 4 p. 0/0 ; ils seraient capitalisés et remboursables dans la même forme que le principal.

Il est évident que bien avant l'expiration de la garantie de l'Etat, la compagnie générale d'assurance se serait formée une clientelle très-nombreuse, d'une part par le mode de souscription des actions, que j'indiquerai ; d'autre part, par la condition de l'assurance qui serait mise à tout prêt, de sorte que ceux qui, parmi les emprunteurs, ne seraient pas assurés ou ne le seraient pour tous les risques, que le conseil de surveillance de la succursale de la localité déterminerait, se trouveraient engagés à s'assurer à la compagnie jointe à la Banque centrale. Ensuite, cette compagnie aurait eu un temps suffisant pour fixer, après expérience, le chiffre des primes pas trop élevées et suffisantes pour assurer contre les inondations, les pertes de bétail, etc.

On voit donc par ce qui vient d'être dit que la compagnie générale arriverait promptement à vivre de ses propres forces et que la garantie de l'Etat serait bien plutôt un appui moral que matériel ; d'où je conclus que nulle proposition peut être plus avantageuse pour la fondation d'une compagnie générale d'assurance ni moins onéreuse pour l'Etat et pour ceux qui seraient assurés.

En échange des garanties que l'Etat donnerait, la compagnie générale d'assurance devrait être obligée à ne demander des primes qui pourraient être plus élevées que les plus petites demandées par les compagnies existantes pour des risques de même nature.

III.

RÉSUMÉ.

Ma proposition se résume à ceci :

Premièrement. — Fondation d'une Banque centrale agricole avec succursales dans tous les arrondissements de France et d'Algérie. (Le Crédit agricole transformé pourrait être cette Banque).

Le capital d'opération de cette Banque serait formé :

1° Du capital social qui serait de 500 millions de francs et divisé en 500,000 actions de 1,000 francs.

2° D'un dépôt de l'Etat de 500 millions de francs ou d'un dépôt de l'Etat de 250 millions et de la Banque de France, de pareille somme, au moyen d'une émission de billets.

Le dépôt de l'Etat ou de la Banque de France serait fait par cinquième :

Un cinquième lors de la constitution de la société et les autres cinquièmes aux mêmes époques que les quatre derniers cinquièmes du capital social, ainsi qu'il sera plus loin indiqué.

L'Etat ou la Banque de France n'auraient aucune part dans les bénéfices.

L'Etat ne serait remboursé que lorsque les circonstances pourraient permettre à la Banque de France une émission de billets pour une valeur égale à la somme à rembourser à l'Etat.

La Banque de France ne serait remboursée que lors d'une liquidation.

L'Etat ou la Banque de France, ne recevraient pour les intérêts de leur capital déposé qu'un intérêt égal au prix de revient estimé d'une émission de billets, compris les intérêts du capital de garantie en numéraire.

La Banque centrale agricole serait autorisée à recevoir en dépôt des sommes jusqu'à concurrence du capital d'opération formé du capital social et du dépôt de l'Etat, c'est-à-dire pour un milliard.

Les opérations seraient, sauf la dérogation ci-dessus réglée et déterminée par la convention passée entre le Ministre des finances et les fondateurs du Crédit agricole.

L'intérêt des prêts sur hypothèque ou sur nantissement ne pourrait excéder 4 p. 0|0.

La Banque centrale agricole serait obligée, dans des conditions qui seraient arrêtées, de verser une partie de son numéraire en échange de billets à la Banque de France, afin d'aider celle-ci à maintenir son encaisse métallique à un certain chiffre.

La souscription du capital social se ferait ainsi qu'il suit :

Une moitié des actions serait réservée à raison d'un dixième aux membres fondateurs de la Banque ; et, pendant quinze jours, pour les neuf autres dixièmes, à la souscription des membres des chambres consultatives d'agriculture, de la Société Impériale, et centrale d'agriculture de France, des sociétés d'agriculture et des comices de France et d'Algérie.

L'autre moitié serait réservée pendant quinze jours à la souscription des propriétaires, non commerçants ni industriels, des agriculteurs, des valets de ferme et ouvriers agricoles.

Après ce délai une nouvelle souscription serait ouverte à tous pour le nombre des actions restées in-souscrites tant sur la première moitié que sur la seconde.

Le concours des sociétés d'agriculture, des comices et des maires serait réclamé pour aider à la souscription, les percepteurs seraient autorisés à recevoir les souscriptions.

Toute souscription d'une action de la Banque rendrait obligatoire la souscription d'une action de la compagnie générale d'assurance.

Un cinquième d'action devrait être versé en sous-crivant ; les quatre autres cinquièmes seraient versés successivement à un an de distance ; de sorte que le capital social et le dépôt de l'Etat seraient versés entièrement à la fin de la quatrième année de la constitution de la Banque.

Aucune succursale ne pourrait être établie dans un

arrondissement qui ne réunirait pas la souscription d'un minimum jugé nécessaire pour la fondation de la succursale et un nombre d'actionnaires au moins égal au nombre qui serait fixé pour former le conseil de surveillance.

L'administration centrale serait calquée sur celle du Crédit foncier.

Le conseil de surveillance près de chaque succursale proposerait ou nommerait le directeur de chaque succursale.

Les notaires pourraient être les correspondants de la Banque centrale ou des succursales ; ils donneraient les renseignements sur la solvabilité des emprunteurs ou la valeur du gage offert en garantie, comme aussi ils pourraient aider à faire verser des capitaux à la caisse de la Banque et des succursales, tous ceux qu'ils connaîtraient pour en avoir de disponibles.

La Banque centrale serait tenue de prélever sur ses bénéfices et de verser à l'Etat pour chaque million par lui déposé ou la Banque de France, 500 francs par chaque 1 p. 0/0 de bénéfices nets, défalcation faite de l'intérêt à 5 p. 0/0 pour le capital versé par les actionnaires et de l'intérêt qui serait dû à l'Etat ou à la Banque de France.

Deuxièmement. — Fondation d'une compagnie générale d'assurance à prime fixe, pour tous risques.

Le fond de garantie de cette compagnie serait formé :

1° Du capital social qui serait de 250 millions de francs et divisé en 500,000 actions de 500 fr.

2° D'une réserve jusqu'à un chiffre déterminé qui ne pourrait être moindre de 50 millions de francs et serait faite sur les bénéfices ou à défaut sur le cinquième des intérêts payés par la Banque centrale sur le capital social, ainsi qu'il sera dit.

La souscription du capital social se ferait aux mêmes conditions que celui de la Banque.

La souscription d'une action de la compagnie d'assurance rendrait obligatoire la souscription d'une action du capital social de la Banque.

Le versement du capital social se ferait à raison de deux cinquièmes en souscrivant et les trois autres cinquièmes seraient versés en même temps que le second cinquième des actions de la Banque.

Le capital social serait, au fur et à mesure des versements, déposé à la caisse de la Banque centrale agricole qui en ferait l'intérêt à raison de 5 p. 0/0 par an.

L'intégrité du capital social serait garantie par l'Etat pendant 15 ans et l'intérêt à raison de 4 p. 0/0 par an.

Pendant ce délai si l'Etat était obligé de faire des prêts pour reconstituer le capital, il en serait remboursé au moyen de retenues qui seraient faites sur les bénéfices postérieurs et après la formation de la réserve, ou en même temps, mais dans les conditions que nous avons plus haut indiquées.

Le fonds de réserve, dont nous avons parlé, serait ainsi que toutes les primes, à mesure des recettes, de même que les cautionnements de tous employés (s'il devait y en avoir d'assujettis), déposés à la Banque qui en ferait un intérêt égal à celui qu'elle ferait pour les dépôts dans les mêmes conditions, faits par les particuliers.

Les primes d'assurances ne pourraient être plus élevées que les plus petites des primes ou des cotisations demandées par les compagnies d'assurance actuelles pour des risques de même nature.

L'administration supérieure de la compagnie générale d'assurance serait la même que celle de la Banque ; seulement un conseil de surveillance particulier pour la compagnie d'assurance existerait près de la direction générale, il serait nommé par les actionnaires.

Il existerait également un conseil de surveillance, pour la compagnie, près le directeur de chaque succursale de la Banque qui serait considéré comme l'agent de la compagnie dans chaque arrondissement, ferait faire les polices d'assurances et les recouvrements par ses employés ou ses représentants dans tous les cantons. Le conseil de surveillance de la compagnie d'assurance près des succursales serait le même que celui de la Banque.

Tous les notaires devraient être autorisés à être les représentants de la compagnie d'assurance comme de la Banque ; ils trouveraient là une petite indemnité des réductions, que la réforme que j'ai proposée sur les prêts hypothécaires et la fondation de la Banque, pourraient apporter sur les bénéfices de leurs charges si elles étaient adoptées.

IV.

CONCLUSION.

Par toutes les explications que j'ai données, on peut voir que par son ensemble et en particulier par le mode de fondation des deux sociétés, la multiplicité des actions et le mode de souscription, en même temps qu'elle attirerait les économies des cultivateurs et des propriétaires vers une entreprise très-avantageuse pour leurs intérêts particuliers et extrêmement utile à l'agriculture pour développer ses forces productives, en lui donnant à bon marché des capitaux et en la débarrassant des parasites qui la ronge, ma proposition résoudrait aussi ce problême, depuis si longtemps posé : ATTIRER LES CAPITAUX VERS L'AGRICULTURE, puisqu'elle leur donnerait un placement avantageux et dans les actions à souscrire que la Banque les placerait, ainsi que les dépôts, chez les cultivateurs qui ne peuvent employer avec profit, bien certain, que des capitaux peu coûteux, surtout dans les améliorations foncières et qui y seraient alors engagés par le bon marché de l'argent.

Comme je crois avoir également démontré le caractère pratique et immédiatement réalisable de cette proposition, l'effet puissant qu'elle exercerait sur la prospérité publique en France et en Algérie, je demande le concours de tous les hommes dévoués aux intérêts publics, pour la faire adopter. J'ai tout lieu de croire que mon appel ne sera pas fait en vain. Après tout, cela regarde particulièrement les agriculteurs ; c'est à eux à ne pas faiblir, à soutenir hardiment leur cause jusqu'à ce que leurs intérêts aient reçu une pleine et entière satisfaction, qui ne leur manquera pas lorsqu'ils auront manifesté énergiquement leurs besoins : l'attention particulière que l'Empereur prend à tout ce qui peut élever la prospérité de l'agriculture en est un sûr garant (1).

N. HERTEL,

Agriculteur, membre de la Société d'Agriculture de Quimperlé.

(1) Un extrait de ce mémoire, contenant le plan de fondation et de fonctionnement de la Banque agricole et de la compagnie générale d'assurances, a été envoyé à S. Exc. le Ministre d'Etat, vers le 20 mars 1867.

LA CHERTÉ DU PAIN

ET LES MOYENS PROPRES A L'ÉVITER.

FONDATION DE MAGASINS

POUR DES RÉSERVES DE GRAINS

ET CRÉATION DE MAGASINS GÉNÉRAUX.

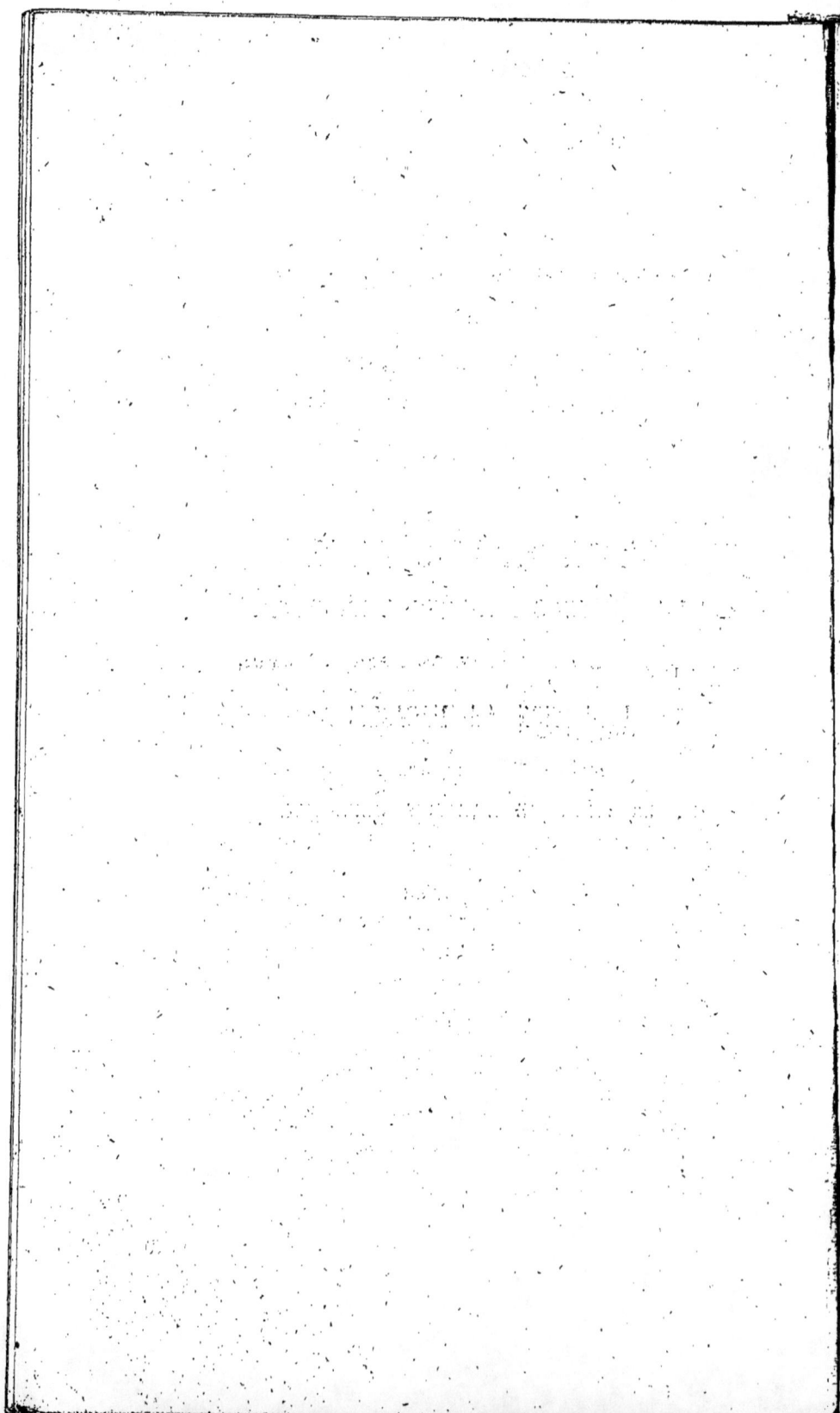

LA CHERTÉ DU PAIN

ET LES MOYENS PROPRES A L'ÉVITER.

FONDATION DE MAGASINS

POUR DES RÉSERVES DE GRAINS

ET CRÉATION DE MAGASINS GÉNÉRAUX.

I.

DES CAUSES DE LA CHERTÉ DU PAIN. — DÉDUCTIONS A EN TIRER. — LES EFFETS DE LA LÉGISLATION COMMERCIALE. — NÉCESSITÉ D'APPORTER REMÈDE.

La cherté du pain vient de raviver plus que jamais la question de l'approvisionnement des céréales, du blé particulièrement.

Deux années de mauvaise récolte succédant à une année où l'exportation a été considérable voilà la cause incontestablement des hauts prix du blé (1).

(1) De ce que l'exportation du blé est une des causes de la cherté, il ne faut pas conclure qu'il eût été sage de l'empêcher et que le gouvernement l'eut dû. Cela aurait produit un effet tout opposé à celui qu'on aurait recherché. Ce n'est pas par des entraves au commerce que peut se résoudre la question des subsistances. Seulement, quand on recherche une solution il faut remonter des effets aux causes et les bien constater.

La suppression des acquits à caution n'eut pas pu produire plus d'effet, ils n'ont pas eu plus d'influence sur l'approvisionnement que s'ils n'avaient point existé.

De là il faut conclure que la production du blé en France n'est pas encore assez élevée dans les années de mauvaises récoltes pour faire face aux besoins de la consommation après l'importance que peut atteindre l'exportation du blé à la suite de récoltes abondantes, laquelle réduit trop la quantité disponible après la satisfaction des besoins de la consommation, pour que cette quantité pût suffire à combler où à rendre insensible le déficit de deux mauvaises récoltes successives.

La législation relative au commerce des céréales ayant pour base la liberté commerciale ne peut qu'atténuer les effets du déficit de deux mauvaises récoltes, augmentés de celui du vide amené par une exportation considérable dans une année précédente, lorsque dans tous les pays limitrophes de la France et la plus grande partie du centre de l'Europe il y a eu aussi mauvaise récolte qu'en France. Ce qu'on appelait le régime protecteur ne ferait encore qu'aggraver la situation. Pour preuve, c'est que les prix les plus élevés du blé ont été selon les pays de 12 à 15 francs par hectolitre inférieurs en 1868 à ceux atteint en 1848.

Il importe beaucoup d'apporter un remède à cette situation, car les chertés, et celle actuelle le démontre une fois de plus, amènent toujours une crise commerciale nuisible à toutes les industries, par suite des réductions amenées forcément dans un grand nombre de ménages sur les dépenses autres que celles relatives à l'achat du pain.

II.

MOYENS PROPOSÉS POUR PRÉVENIR LES CHERTÉS OU EN ATTÉNUER LES EFFETS.

L'augmentation de la production sera le meilleur moyen d'empêcher le retour de la situation actuelle, bien qu'on puisse par certaines mesures provoquer cette augmentation plus promptement qu'on le pense (1), il faut néanmoins quelques années et il faut remédier immédiatement ; et puis il est bon de se mettre en mesure pour corriger dans l'avenir les effets d'une situation contraire permanente, l'encombrement qui serait si nuisible à l'agriculture.

Pour atténuer en partie les inconvénients des chertés, on a employé à Paris la caisse de la boulangerie.

Mais si bienfaisant que soit à Paris l'effet de la caisse de la boulangerie, resterait toujours la difficulté sans froisser l'équité, de l'appliquer aux populations rurales qui pour une bonne partie font leur pain elles-mêmes ; car il arriverait que si on vendait du pain dans les campagnes au prix de compensation, la majorité des habitants qui font leur pain l'achèteraient dans les années de cherté et cesseraient dans les années de bas prix, et se soustrairaient ainsi aux prélèvements qui pourraient être faits dans ces

(1) Ces mesures pourraient en cinq ans environ augmenter d'un tiers au moins la production agricole de la France.

années pour faire récupérer ses avances à la caisse de la boulangerie. Et quel énorme capital ne faudrait-il pas avancer pour appliquer à toute la France le système pratiqué à Paris.

Ensuite cette caisse de la boulangerie laisse de côté la question relative à l'achat des céréales à l'étranger dans les années de cherté, où la France est obligée de payer deux cinquièmes plus cher ce qu'elle a vendu dans les années précédentes et exporte ainsi une valeur de plusieurs centaines de millions par période de six ou sept ans.

La fondation des Banques agricoles que l'agriculture réclame avec instance ne peut produire encore qu'un effet peu sensible sur l'approvisionnement du blé, car il faudra toujours que le cultivateur trouve dans une élévation de prix la valeur du déficit plus ou moins important qu'entraîne par diverses causes une réserve de grains, et en plus les intérêts de la valeur de la réserve et les frais ; il se trouvera peu de cultivateurs disposés pour faire cette réserve à contracter un emprunt à longue échéance, car pour avoir quelque chance qu'une spéculation de cette sorte puisse être heureuse, il faut pouvoir la faire pendant plus de deux ans, quelquefois. Tout ce que les Banques pourront éviter ce sont les ventes pour ainsi dire forcées qui se font aux époques de paiement des fermes, amènent souvent l'encombrement et par suite une baisse momentanée dont profitent exclusivement les acheteurs.

Quant aux magasins généraux ou entrepôts faisant des avances sur dépôt de produits agricoles, les mêmes inconvénients que pour la réserve chez le cultivateur se retrouvent ; et d'ailleurs l'Italie, qui en possède dans certaines contrées, est là pour démontrer encore le peu d'efficacité de ce moyen puisque si souvent elle fait des achats considérables de blé en France et ailleurs.

Et puis les réserves chez le cultivateur ou dans les magasins généraux étant naturellement facultatives n'offrent point la fixité, la stabilité qu'il importe d'obtenir pour l'approvisionnement du blé en particulier.

Pourtant selon moi aussi ce n'est, dans l'état actuel de la production qu'au moyen de réserves de blé faites dans les années d'abondante récolte, que l'on parviendra à empêcher le retour d'une crise semblable à celle dont souffre actuellement le pays, et à satisfaire tout à la fois le consommateur et le producteur de toutes les régions en désencombrant le marché dans les abondantes récoltes et en l'approvisionnant dans les mauvaises (1).

III.

DES MAGASINS DE RÉSERVE DE GRAINS.

A. — *Fondation de magasins de réserve de grains par la Banque agricole.* — *Minimum et maximum de la réserve du blé.* — *Mode d'achat.* — *Gestion.* — *Avantages et facilités donnés à la Banque pour la couvrir de tous frais et de pertes de toute nature.* — *De l'émission de bons de la Banque.*

Voici il me semble le seul moyen propre à atteindre le but ci-dessus indiqué.

(1) Cette solution de la question de l'approvisionnement, par des réserves, est clairement démontrée par le chiffre des importations et des exportations de céréales et de farines depuis la récolte de 1863, car il démontre que si les céréales exportées en grain ou en farine avaient été mises en réserve, on n'eût pas éprouvé de crise alimentaire en France, lors même qu'il n'y aurait eu aucune importation.

Obliger la Banque agricole, dont j'ai envoyé le projet de fondation à S. Exc. M. le Ministre d'Etat, alors aussi ministre des finances, à créer, dans des lieux désignés, en France et en Algérie des magasins pour la réserve des grains, du blé notamment.

La réserve ne pourrait être supérieure à 25 millions d'hectolitres, ni inférieure à 15, après deux années de bonnes récoltes donnant ensemble 30 millions d'hectolitres de blé d'excédant sur les besoins de la consommation et la quantité nécessaire pour semence.

La Banque serait obligée de faire ses achats en blé de production indigène dans les années de récoltes abondantes et à l'époque où le blé serait au-dessous du prix moyen de 25 francs les 100 kilog. (1), et dans des proportions qui seraient déterminées par l'Etat, constaté de la production de l'année et de manière à atteindre après deux années de récoltes abondantes le minimum de réserve ci-dessus indiqué.

Pour gérer ces sortes de magasins, la Banque aurait une administration particulière, sous la direction de l'administration supérieure de la Banque et la surveillance des directeurs des succursales fondées aux mêmes endroits.

Pour défrayer la Banque de tous frais et lui permettre de conserver des grains en quantité suffisante avec la durée nécessaire pour être efficace, sans crainte d'éprouver de perte, il faudrait lui donner la faculté d'émettre des bons en plus du chiffre que j'ai proposé dans le projet de fondation, pour une somme deux fois plus importante que la valeur représentée par les grains achetés, et les immeubles et les ustensiles employés à l'emmagasinage.

(1) Le moment des achats de blé en Algérie serait réglé par le prix du blé en France et serait déterminé par les mêmes conditions qu'en France.

De la sorte une moitié des bons émis défraierait la Banque par les intérêts qu'elle en retirerait ou les bénéfices qu'ils lui faciliteraient, des intérêts de la somme consacrée à l'achat des grains, des immeubles et des ustensiles ; l'autre moitié la couvrirait des frais d'administration, de manutention et de déficit sur le poids, et une somme considérable des intérêts retirés de cette seconde moitié, resterait encore pour la couvrir des pertes pouvant résulter de ses ventes et lui assurer autant que possible un bénéfice.

Cette augmentation d'émission des bons de la Banque ne peut présenter d'inconvénient, car l'achat des grains pour la réserve peut être considéré ainsi que l'achat des immeubles et des ustensiles comme un dépôt fait à la Banque par l'administration des réserves de grains, et l'acquit des achats et des dépenses par la Banque comme un prêt sans risque, et donnant un bénéfice aussi assuré ; d'ailleurs la faculté d'émission des bons et de l'escompte des valeurs a été tellement restreinte dans le projet que j'ai présenté que cette augmentation, même sans la circonstance particulière qui la rend utile et sans danger, elle pourrait être accordée sans inconvénient et la Banque agricole n'aurait pas encore une circulation aussi élevée à beaucoup près que certains établissements financiers.

D.— *De la vente du renouvellement de la réserve et du rachat.*

Après la constitution d'une réserve de 15 à 20 millions d'hectolitres, si le prix du blé venait à atteindre le chiffre de 25 francs les 100 kilog., la Banque serait obligée de vendre jusqu'à concurrence de 500 mille hectolitres par mois, aussitôt la mise en demeure à elle faite par le gouvernement. En aucun cas les ventes durant une année ne pourraient excéder la moitié de la réserve, à moins qu'une année de récolte très mauvaise ne survint un an après la fondation des magasins de réserve et que le prix du blé ne s'élevât à plus de 30 francs les 100 kilog. Mais si, après une vente de 500 mille à 1 million d'hectolitres ou plus, le prix du blé venait à rétrograder au-dessous du prix moyen de 25 francs les 100 kilog., les ventes seraient arrêtées et les rachats ne pourraient s'opérer dans cette année qu'autant que le prix moyen du blé serait descendu à 23 francs les 100 kilog. (1).

Lorsque la Banque vendrait hors les cas ci-dessus, afin de renouveler la réserve, ce qu'elle ne pourrait faire avant deux années de conserve, elle serait obligée de remplacer immédiatement ; mais ces ventes devraient être le plus empêchées que possible pour éviter la spéculation, les magasins de réserve devant être fondés dans l'intérêt public et la Banque devant recevoir, en échange des charges à elle imposées des avantages assez grands pour lui procurer des bénéfices.

La vente pour l'exportation serait interdite à la Banque, tant que la production indigène ne serait pas démontrée suffisante dans les plus mauvaises années, pour faire face aux besoins de la consommation intérieure (en France). Toutefois la Banque pourrait envoyer du blé de France en Algérie et d'Algérie en France, selon les besoins de la consommation et les avantages pour les achats.

---

(1) La vente du blé de réserve en Algérie serait déterminée par les prix du blé en Algérie et ne pourrait y excéder une quantité égale au déficit estimé le plus important d'une mauvaise récolte par rapport aux besoins de la consommation algérienne.

c. — *Résumé des avantages des magasins de réserves de blé.*

Par l'exposé qui précède du mode de fondation et du fonctionnement des magasins de réserves, on peut voir qu'aucun particulier, aucune société ne pourrait faire de réserve de grains dans des conditions aussi avantageuses et ne pourrait attendre aussi longtemps pour la vente, ce qui importe beaucoup pour l'intérêt public. La Banque par les moyens mis à sa disposition pouvant garder dix ans ses grains en magasin, sans augmenter d'un centime le prix d'achat tout en réalisant un bénéfice.

Ces réserves en permettant pour les former de désencombrer les marchés dans les années de récoltes abondantes satisferaient les intérêts des cultivateurs tout en satisfaisant les intérêts des consommateurs et l'intérêt public, en assurant l'approvisionnement pour les années de mauvaises récoltes, jusqu'à ce que la production indigène fut suffisante pour le faire et en évitant les crises commerciales dont souffre tout le pays et met si souvent en péril l'ordre public. En plus les réserves contribueraient au nivellement des prix, les achats devant être faits dans les contrées où le blé serait à plus bas prix et les ventes dans celui où il serait au prix le plus élevé.

Des réserves pour d'autres grains pourraient être faites d'après les mêmes règles que pour le blé.

IV.

FONDATION DE MAGASINS GÉNÉRAUX POUR LES PRODUITS AGRICOLES.

La Banque en même temps que des magasins pour la réserve des grains, pourrait créer des magasins généraux pour recevoir en nantissement des produits agricoles susceptibles d'être conservés sans détérioration. Cela rentrant tout à fait dans les attributions de la Banque.

L'administration pour les deux sortes de magasins pourrait être la même avec une comptabilité différente ; les économies qui pourraient en résulter faciliteraient les deux fondations.

La surveillance de l'administration des magasins généraux serait la même que pour la Banque centrale agricole et ses succursales.

Les dépenses nécessitées par la création des magasins généraux et l'achat des appareils à y employer devant être aussi considérées comme des prêts, elles entreraient dans le chiffre à déterminer de la valeur des bons à émettre par la Banque d'après le projet de fondation.

V.

OBSERVATIONS SUR LES MAGASINS DE RÉSERVE ET LES MAGASINS GÉNÉRAUX.

Les magasins pour la réserve des grains et les magasins généraux ne devraient pas être établis dans les grands centres mais dans les cantons et même dans les communes rurales les plus proches d'une station de chemin de fer et contre la station même autant que possible, afin d'éviter les frais et faciliter la circulation.

Les sommes considérables à dépenser pour fonder ces magasins, les dépenses de l'administration et les facilités données au cultivateur par les magasins généraux pour attendre un peu plus de temps une occasion favorable pour la vente de différents produits, ne seraient pas sans exercer un heureux effet dans les contrées où ces fondations seraient faites.

N. HERTEL,
cultivateur.

Ce mémoire a été envoyé à S. Exc. le Ministre de l'agriculture, le 23 décembre 1867.

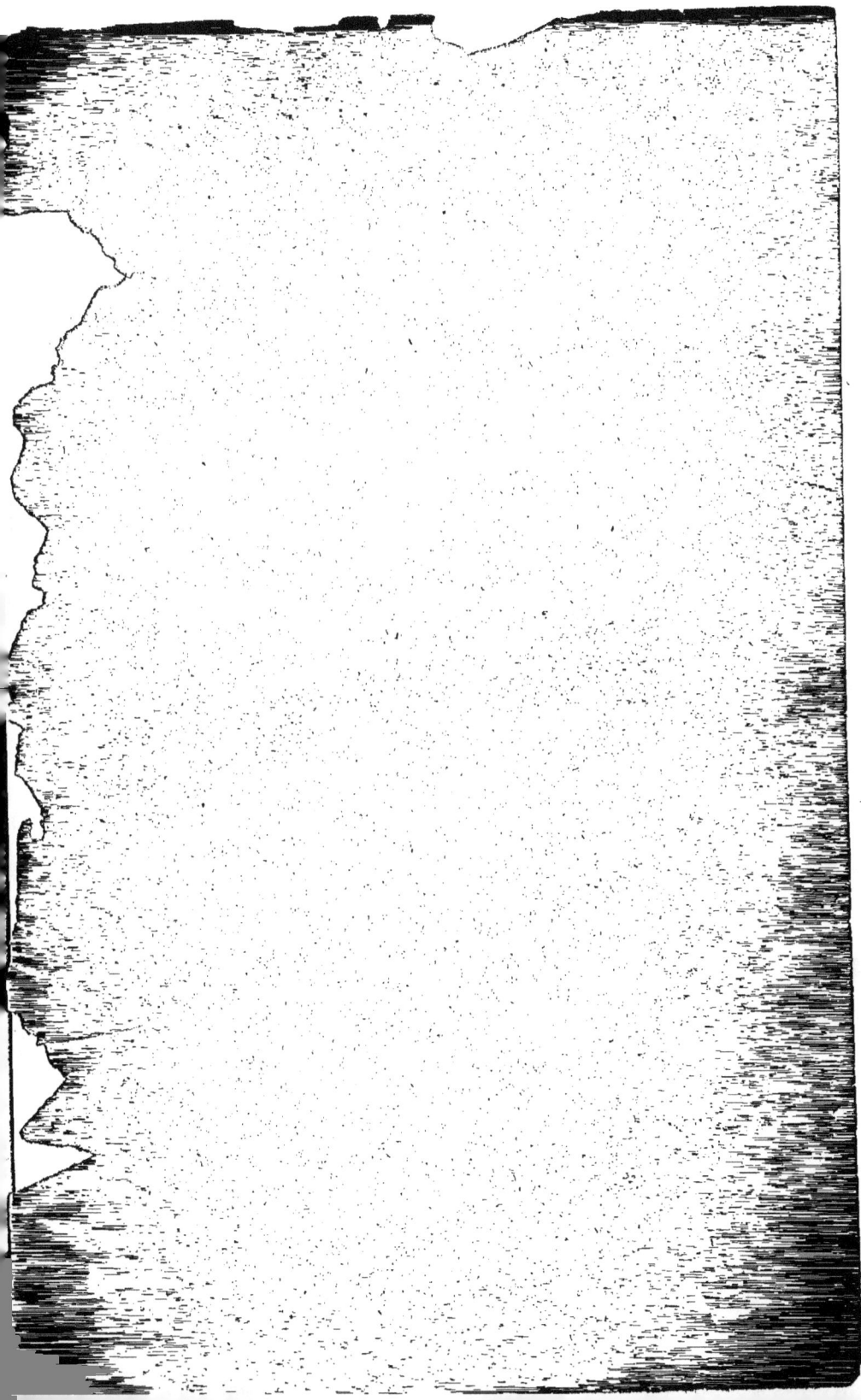

DU MÊME AUTEUR :

LA LOI SUR LA CHASSE ET LES INTÉRÊTS AGRICOLES,
brochure in-8º, prix 1 fr. 60.

**LA SPÉCIALISATION DANS LA PRODUCTION VÉGÉTALE
AGRICOLE ET LA PRODUCTION ÉCONOMIQUE**, brochure
in-8º, prix 1 fr. 25.